RECHERCHES CHIMIQUES

SUR LA VÉGÉTATION

(Deuxième Mémoire.)

Par B[in] CORENWINDER,

Membre de la Société des Sciences de Lille.

LILLE
IMPRIMERIE DE L. DANEL.

1863.

RECHERCHES CHIMIQUES

SUR LA VÉGÉTATION [1]

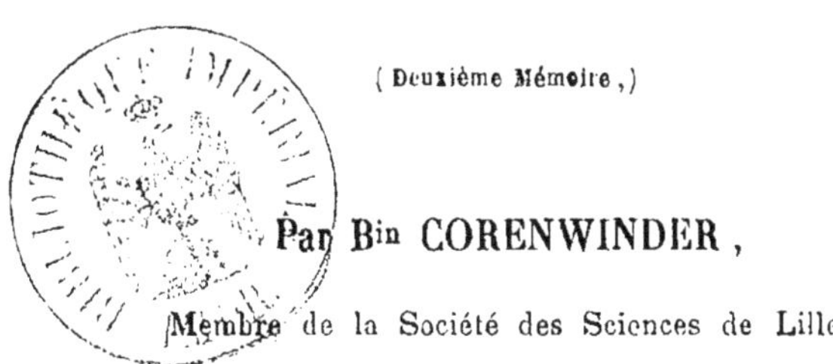

(Deuxième Mémoire,)

Par Bin CORENWINDER,

Membre de la Société des Sciences de Lille.

EXPIRATION NOCTURNE ET DIURNE DES FEUILLES.

Un savant hollandais qui vivait dans la seconde moitié du siècle dernier « Ingenhousz, » a fait une découverte capitale, qui n'a pas été acceptée de son temps sans contestation, parcequ'elle froissait les préjugés de quelques-uns de ses contemporains. Il observa le premier « que les feuilles des plantes exposées dans l'obscurité, expirent constamment un gaz méphytique, nuisible à la respiration des animaux. »

A l'annonce de cette découverte, un docteur suisse qui s'occupait aussi de l'étude de la végétation, « Sennebier, » jeta les hauts cris, et se fondant sur la théorie des causes finales, il accusa Ingenhousz d'imposture et d'impiété. Celui-ci, qui ne pensait pas que les vérités expérimentales doivent plier devant les idées préconçues, soutint que le phénomène annoncé par lui

1.— *Extrait des Mémoires de la Société des Sciences, de l'Agriculture et des Arts, de Lille*, année 1863, IIe série, 10e volume.

était positif; il en résulta entre les deux savants une discussion irritante, pleine de fiel, dans laquelle Sennebier n'eut pas le plus beau rôle, ainsi qu'il arrive souvent à ceux qui veulent faire prédominer l'orgueil de secte sur l'esprit d'observation.

A l'époque où ces savants faisaient leurs recherches, les expériences sur la végétation s'opéraient par des procédés assez grossiers. Aussi était-ce avec une apparence de raison que Sennebier pouvait soutenir que l'air expiré par les feuilles, pendant la nuit, était dû à un commencement d'altération. A cette objection, il en ajoutait une autre qui mérite d'être rappelée par sa singularité.

« C'est par défaut d'attention, disait-il, qu'on a pu calomnier la nature et les plantes, en leur attribuant la dangereuse propriété de répandre pendant la nuit, un air propre à diminuer la pureté de l'atmosphère par ses qualités nuisibles. La nature se vengera elle-même par les faits qu'elle m'a fait voir, et elle nous prouvera toujours que le nombre de ses rapports bienfaisants avec nous, s'augmentera d'autant plus, que nous approfondirons davantage ses sublimes procédés [1]. »

On voit que le pasteur Sennebier était un disciple du célèbre docteur Pangloss, qui soutenait nonobstant les plus tristes catastrophes que tout est pour le mieux dans le monde. Depuis il a été démontré, malgré l'indignation de la nature, que réellement les feuilles exhalent de l'acide carbonique pendant la nuit, et bien plus, rien ne prouve que cette exhalation ne se concilie pas parfaitement avec la sagesse et la bonté du Créateur.

Le différend soulevé entre Ingenhousz et Sennebier n'a pu être apaisé que plus tard, lorsqu'on a bien connu la nature du gaz méphytique exhalé par les feuilles dans l'obscurité. Dès qu'on s'est aperçu que ce gaz était de l'acide carbonique, il a été facile de résoudre la difficulté, puisque cet acide a des pro-

1. — Sennebier, *Mémoires physico-chimiques*, t, Ier, p. 54; Genève, 1782.

priétés parfaitement caractérisées. L'expérience, on le sait, a donné gain de cause à Ingenhousz, qui est considéré avec raison comme l'auteur de cette importante découverte. Dans son ouvrage intitulé : *Expériences sur les végétaux*[1], il a établi en un chapitre spécial « que les plantes exhalent un air nuisible pendant la nuit, et dans les lieux obscurs pendant le jour; elles corrompent l'air commun dont elles sont entourées; mais ce mauvais effet est plus que contrebalancé par leur influence salutaire pendant le jour. »

De Saussure s'est occupé aussi de la propriété, que possèdent les végétaux, d'expirer du gaz acide carbonique pendant la nuit, et il a démontré que cette expiration est accompagnée d'une absorption de gaz oxigène, dont il a mesuré la quantité pour différentes espèces de feuilles.

En 1850, j'ai entrepris de mon côté des expériences sur l'expiration nocturne des feuilles. Profitant des progrès accomplis par M. Boussingault dans l'étude de la végétation, j'ai monté des appareils qui m'ont permis d'opérer sur des plantes entières, végétant en pleine terre, et de présenter à la science des faits nombreux et précis qui, je l'espère, ont jeté beaucoup de lumière sur cette intéressante question.

En 1858, dans un premier mémoire[2], j'ai cité de nombreuses expériences qui m'ont fait connaître la proportion d'acide carbonique, qu'un certain nombre de plantes exhalent pendant la nuit, dans des conditions déterminées; et j'ai établi par une méthode certaine cette loi importante, qu'en général la quantité d'acide carbonique expirée par les feuilles pendant la nuit, est très-inférieure à la quantité du même fluide qui est absorbée par elles pendant le jour, sous l'influence des rayons solaires.

Ainsi que je le disais précédemment, cette loi a été énoncée

1. — *Expériences sur les végétaux*, Paris, 1787.

2 — *Annales de physique et de chimie*, t. 54, année 1858.

par Ingenhousz; mais lorsqu'on lit dans son mémoire les preuves qu'il en donne, on demeure convaincu qu'il l'a pressentie plutôt qu'il ne l'a démontrée. Du reste, ne lui faisons pas de reproches, les méthodes d'expérimentation employées de son temps étaient si imparfaites, qu'il lui a fallu toute la sagacité d'un homme de génie, pour arriver à constater tant de faits intéressants sur les phénomènes de la végétation.

Pour apprécier combien les procédés employés par Ingenhousz étaient incomplets, comparativement à ceux dont j'ai fait usage, il suffit de se rappeler que ce physiologiste et ses contemporains opéraient généralement en mettant des feuilles de plantes dans une cloche pleine d'eau de source, renversée sur une soucoupe contenant le même liquide, et lorsqu'une certaine quantité de fluide élastique s'était fixée au sommet de la cloche, ils en examinaient la nature qui varie suivant les circonstances de l'opération. En soumettant l'appareil à l'action des rayons solaires, le gaz recueilli était de l'air déphlogistiqué (oxigène); en opérant au contraire dans l'obscurité, ils obtenaient une petite quantité de gaz méphytique, d'air fixe, c'est-à-dire, d'acide carbonique.

L'appareil que le progrès des sciences physiques a mis à ma disposition, donne nécessairement des résultats plus certains; il permet d'opérer sur des feuilles végétant à l'état normal, dans une atmosphère constamment renouvelée. Les résultats obtenus ne sont donc susceptibles d'aucune contradiction sérieuse.

Cet appareil a été décrit dans mon premier mémoire. Je reproduis ici cette description pour l'intelligence de ce qui va suivre; faisant observer de nouveau que j'ai pris les précautions nécessaires dans toutes mes expériences pour éviter les causes d'erreur :

1° La grande cloche C, est destinée à contenir les feuilles mises en expérience. Si j'opère sur des rameaux détachés, je mets leur extrémité inférieure dans un flacon contenant un peu d'eau. Ce flacon étant placé sur une plaque de verre usée, je le recouvre avec cette cloche, et je lute celle-ci sur la plaque avec du mastic de vitrier.

Quand je veux expérimenter sur une plante en pleine terre ou en pot, j'opère comme suit :

Je prends deux plaques en tôle assez épaisse pour qu'elles ne puissent pas se déjeter. Ces plaques ont chacune une échancrure ainsi qu'on le voit dans la figure 3.

Une de ces plaques étant posée sur le pot ou sur deux briques en bois, de manière que la tige se trouve au fond de la rainure, j'entoure cette tige d'un peu de papier métallique et d'un bourrelet de mastic de vitrier. Je pose ensuite l'autre plaque en sens inverse de la première, enla comprimant avec force sur ce bourrelet. Enfin je remplis la rainure supérieure avec une petite plaque de métal fixée également dans du mastic.

Il suffit ensuite de luter convenablement la tige avec le cercle formé par les deux lames de métal au moyen du mastic, et de couvrir celui-ci de plusieurs couches de vernis à la gomme laque, ainsi que les bords de la petite lame emplissant l'échancrure. On laisse sécher le vernis avant de commencer l'opération.

De cette façon, la plante étant isolée de la terre dans laquelle elle s'est développée, je la recouvre d'une cloche de verre blanc, rodée sur les bords inférieurs et dressée sur la plaque de tôle. On lute ensuite avec du mastic ;

2° La boule de Liebig A renferme une dissolution de potasse caustique, destinée à retenir l'acide carbonique de l'air ;

3° L'éprouvette B contient de l'eau pour laver l'air qui a traversé la potasse ;

4° Le tube D contient de l'eau de barite concentrée et sert de récipient ;

5° Le flacon marqué E contient aussi de l'eau de barite, pour attester que le précédent n'a pas laissé échapper d'acide carbonique.

Enfin l'aspirateur fait passer l'air à travers tout l'appareil et renouvelle constamment celui qui est contenu dans la cloche. Il est clair que si cet air se charge d'acide carbonique, l'eau de barite du récipient D le retient au passage[1].

En étudiant de nouveau, au moyen de cet appareil, les phénomènes de la respiration des plantes, j'ai vu avec satisfaction que tous les faits annoncés dans mon premier mémoire sont parfaitement exacts; ceux que je vais faire connaître aujourd'hui ne sont que les corollaires des précédents. Ils apportent de nouveaux éclaircissements, ils précisent mieux les conditions des phénomènes, mais je n'ai aucun amendement à présenter aux résultats consignés dans ma publication antérieure.

EXHALATION NOCTURNE.

J'ai prouvé précédemment que la proportion d'acide carbonique que les feuilles expirent pendant la nuit est généralement peu considérable. Même à une basse température, elles en exhalent presque toujours, mais en faible quantité; cependant il m'est arrivé plusieurs fois d'opérer sur des plantes, qui, pendant des nuits froides, ne fournissaient pas assez d'acide carbonique pour troubler l'eau de barite.

Le 23 avril 1860, j'ai fait passer une branche de lilas attenante à l'arbuste en pleine terre, dans un ballon à trois tubulures, communiquant avec les éprouvettes de mon appareil. Il plut et il fit froid pendant toute la nuit. La température ne s'éleva pas au-dessus de 2 à 3°. Les feuilles de ce rameau n'exhalèrent pendant cette nuit que des traces douteuses d'acide carbonique.

Le 29 avril suivant, je procédai à une nouvelle observation

1.— Voir pour plus de détails mon mémoire précédent, *Annales de physique et de chimie*, t. 54, année 1858, et les *Mémoires de la Société des Sciences de Lille*, année 1858.

sur la même plante pendant la nuit. Le ciel était couvert, mais il ne plut pas. La température varia de 6 à 8°. Le dégagement d'acide carbonique fut assez sensible. Il est bien entendu que dans l'intervalle j'avais démonté mon appareil, pour remettre la branche dans des conditions normales [1].

Le 28 mai 1860, des feuilles de noisetier pourpre n'ont fourni pendant la nuit, température 3 à 4°, que des traces d'acide carbonique. J'ai eu bien des fois l'occasion de constater depuis qu'au contraire ces feuilles en dégagent, pendant l'obscurité, quand la température est plus élevée.

Je dois ajouter toutefois que ces faits ne sont qu'exceptionnels et que le plus souvent, même à une basse température, les feuilles exhalent de l'acide carbonique pendant la nuit, en faible quantité, il est vrai. Le phénomène est rendu manifeste lorsque la cloche renferme un grand nombre de feuilles. Il serait trop long de citer les expériences multipliées qui me permettent de produire cette affirmation.

Quoi qu'il en soit, il n'est pas douteux que l'expiration nocturne des feuilles est dépendante de la température, mais pour chaque plante, il y a une limite minimum variable suivant les espèces, leur état de développement, etc., etc.

Dans l'obscurité artificielle et pendant le jour, les feuilles expirent aussi du gaz acide carbonique.

Pendant tout l'été de l'année 1851, lorsque j'étais attaché au laboratoire de M. Kuhlmann, j'ai fait des expériences sur la végétation dans un lieu constamment obscur, et j'ai observé que les feuilles y produisaient toujours de l'acide carbonique, en proportion plus ou moins considérable.

Le 30 avril 1860, pendant le jour, j'ai couvert entièrement d'un mouchoir noir la branche de lilas citée plus haut, sur

1. — Dans toutes mes expériences j'ai toujours eu le soin de n'opérer que sur des plantes mises récemment sous une cloche, parceque si elles y séjournent, les conditions de vitalité changent et les plantes s'altèrent en peu de temps.

laquelle j'avais opéré la nuit précédente. La température s'éleva jusqu'à 25°, et la production d'acide carbonique fut si considérable, que l'eau de baryte du récipient se trouva saturée en peu de temps.

Le 29 mai 1860, je mis un mouchoir noir sur la branche de noisetier pourpre, dont il a été question précédemment et j'observai, pendant le jour, que les feuilles de cette branche expirèrent une grande proportion d'acide carbonique.

Je pourrais multiplier ces citations, mais je me borne à celles que je viens de produire, puisqu'elles sont suffisamment concluantes. Maintenant je vais passer à l'exposition des nombreuses expériences que j'ai effectuées, en vue de déterminer dans quelles circonstances les feuilles expirent de l'acide carbonique pendant le jour.

EXPIRATION DIURNE.

Dans certaines conditions mal définies jusqu'aujourd'hui, les feuilles exhalent de l'acide carbonique pendant le jour. Ce fait, qui a été aperçu par quelques physiologistes, a donné lieu à des controverses qui n'ont pas eu de solution, parceque les observateurs n'ont pas multiplié suffisamment les recherches pour découvrir la vérité.

Cette expiration diurne des feuilles a même donné naissance à des systèmes prématurés. On a prétendu assimiler la respiration des plantes à celle des animaux. Cette opinion, toute de fantaisie, ne repose que sur des observations opérées dans de mauvaises conditions.

Aujourd'hui, éclairé par dix années de recherches poursuivies avec une persévérance qui m'a été bien facile, tant ces recherches avaient de charmes pour moi, je puis donner la clé de ce phénomène de l'expiration diurne et faire connaître les conditions dans lesquelles il se produit. Pour fixer les idées, je vais présenter les conséquences que j'ai pu tirer de mes observations et je développerai ensuite les expériences qui m'ont autorisé à les admettre.

1° Pendant le jour, par un temps couvert, et mieux encore au soleil, les bourgeons et les jeunes pousses, dont les feuilles ne sont pas encore épanouies, exhalent de l'acide carbonique [1];

2° Les feuilles adultes, c'est-à-dire celles dont le limbe est étalé et qui sont sorties de la période embryonnaire, n'expirent jamais d'acide carbonique pendant le jour, même par un temps obscur, *lorsqu'elles sont exposées en plein air et qu'elles reçoivent de la lumière de toutes parts;* mais, au contraire, elles en produisent en quantité plus ou moins considérable, lorsqu'elles sont maintenues dans un appartement où elles ne sont pas soumises directement aux rayons du soleil. En réalité leur état normal est donc de ne pas en exhaler pendant le jour.

EXPIRATION DES BOURGEONS.

Le 3 avril 1862, j'ai fixé un grand ballon à trois tubulures sur l'extrémité de la branche d'un marronnier qui ne portait encore que des bourgeons. A ce ballon, on avait adapté de longs tubes en caoutchouc, qui communiquaient, d'une part, avec les éprouvettes destinées à retenir l'acide carbonique de l'air, et, d'autre part, avec les récipients et l'aspirateur de mon appareil. Le matin, à neuf heures, par un temps sombre, température 8 à 9°, je fis couler mon aspirateur, et en peu d'instants l'eau de barite se troubla. Ce bourgeon exhalait donc de l'acide carbonique. Vers midi, le soleil brilla sur le ballon, la température

1. — Ce fait a été annoncé aussi par M. Garreau, professeur à l'École de médecine de Lille. Il se trouve établi ainsi d'une manière irrécusable.

s'éleva jusqu'à 20°, l'expiration augmenta dans une proportion notable, et le soir, à six heures, lorsque je mis fin à l'expérience, le dépôt de carbonate barytique était abondant.

Le lendemain matin, je fis couler l'aspirateur de bonne heure, pour chasser du ballon l'acide carbonique qui s'était produit pendant la nuit, et je mis de l'eau de barite limpide et concentrée dans l'éprouvette récipient, à dix heures du matin. Le temps était variable, la température de 10 à 12°. Au commencement de l'expérience, le dégagement d'acide carbonique fut peu manifeste, mais il augmentait notablement lorsqu'une éclaircie de soleil venait frapper le ballon.

Le 9 avril suivant, ce bourgeon de marronnier avait pris de l'accroissement. Les feuilles étaient épanouies. Dès lors, la production d'acide carbonique devint peu sensible, et le soir, lorsque je mis fin à l'expérience, le dépôt de carbonate barytique était presque nul. Le temps avait beaucoup varié dans la journée et la température avait oscillé entre 15 et 20°.

Je fis des expériences analogues à diverses reprises sur un grand nombre de bourgeons ou de jeunes pousses. Je citerai entre autres les bourgeons du noisetier vert, du noisetier pourpre, du charme, du peuplier, du poirier, de l'aubépine, etc., ainsi que les pousses de la lychnide, du lys, de la pivoine, etc. Tous ces jeunes organes produisent de l'acide carbonique pendant le jour, par un temps couvert, et davantage lorsque le soleil les frappe de ses rayons, parce qu'en ce cas la température est plus élevée.

Mais plus tard, ainsi que je l'ai annoncé précédemment pour le marronnier, lorsque ces bourgeons se sont changés en feuilles, celles-ci n'expirent plus d'acide carbonique le jour, en plein air, en l'absence des rayons de soleil, et à plus forte raison lorsqu'elles sont soumises à l'influence directe de cet astre; puisqu'elles ont, en ce dernier cas, la propriété bien connue d'absorber cet acide, de fixer le carbone et d'exhaler l'oxigène.

Ainsi les feuilles dans leur jeunesse font exception à la loi générale à laquelle sont soumises les feuilles adultes. Aussi longtemps qu'elles se maintiennent dans la période embryonnaire, elles puisent leur nourriture dans le tronc, la tige qui les supporte, la racine ou les cotylédons qui leur fournissent les substances minérales ou végétales nécessaires à leur premier développement (Note 1re).

Toutes ces expériences sur les plantes dans leur jeune âge ont été faites en plein air, à la campagne. J'insiste sur cette circonstance, parce qu'elle est importante, ainsi qu'on en jugera plus loin.

EXHALATION DIURNE DES FEUILLES.

Pendant plusieurs années j'ai été préoccupé de la question de savoir pourquoi certaines plantes adultes jouissent de la propriété d'expirer de l'acide carbonique pendant le jour, tandis que le plus souvent elles sont privées de cette propriété.

Je faisais des expériences multipliées, soit au grand jour, dans mon jardin, soit dans mon laboratoire, en ayant soin, en ce dernier cas, de puiser de l'air extérieur pour renouveler dans ma cloche celui qui était attiré par l'aspirateur. Tantôt les plantes observées exhalaient de l'acide carbonique à la lumière, tantôt elles n'en exhalaient pas. Mon laboratoire étant éclairé par de grandes fenêtres latérales donnant sur les champs, je ne pouvais pas soupçonner que les observations que j'y faisais n'avaient pas lieu dans des conditions normales. Je désespérais de découvrir les causes de cette anomalie apparente, lorsqu'enfin, après plusieurs années de recherches, je fis une expérience qui me mit sur la voie de la vérité :

Un jour, j'opérais dans mon jardin, sur une grosse plante d'ortie commune, que j'avais fait pousser dans un pot à fleurs. Le temps était couvert, la température de 15 à 18°. Depuis le matin, jusqu'à midi, je n'observai pas le moindre dégagement d'acide carbonique. A ce moment il me vint dans l'idée de transporter mon appareil dans mon laboratoire, en ayant soin de laisser les fenêtres ouvertes, afin de ne pas opérer à une température plus élevée. Ainsi que je l'avais observé bien des fois en pareil circonstance, je vis en peu de temps l'eau de barite se troubler, et le soir le dépôt de carbonate de barite fut considérable.

Le lendemain, je fis une nouvelle observation, mais en opérant en sens inverse, c'est-à-dire en commençant dans le laboratoire et en finissant en plein air; j'observai les mêmes phénomènes.

Cette expérience fut pour moi comme un trait de lumière, et dès-lors j'ai fait toutes mes opérations successivement en plein air, puis dans un appartement et *vice versâ*. J'ai constamment obtenu les résultats que je viens de signaler. Je ne citerai pas tous les essais auxquels je me suis livré, ce qui serait trop long; je me bornerai à en présenter quelques-uns.

Le 28 mars 1862, je plaçai sous ma cloche une grande quantité de branches d'orties détachées de la plante mère. Les extrémités inférieures de ces branches plongeaient dans un peu d'eau. Le matin, temps couvert, pas de soleil, température 7 à 10°; je fis marcher mon appareil en plein air, dans mon jardin. A midi, l'eau de barite était restée limpide, le dégagement d'acide carbonique avait donc été nul. Je transportai ensuite la cloche dans mon laboratoire, la température ne varia pas sensiblement. Mon aspirateur coulait à peine depuis une demi-heure, que l'eau de barite était fortement troublée. A six heures du soir, le dépôt de carbonate barytique attestait que ces orties avaient exhalé dans cette nouvelle condition une quantité importante d'acide carbonique.

Le 17 mai 1862, je fis une expérience sur une plante de fève végétant dans un pot à fleurs. Le jour, temps couvert et pluvieux, placée dans le laboratoire, elle exhala une proportion sensible d'acide carbonique. Je changeai plusieurs fois d'éprouvette dans la journée, et je vis que le dégagement persistait.

Le lendemain j'observai absolument les mêmes phénomènes.

Or, depuis plusieurs années j'ai fait un nombre considérable d'observations sur des fèves croissant en pleine terre, soit dans mon jardin, soit dans les champs, et j'ai constaté invariablement que, dans ces conditions, cette plante n'exhale jamais d'acide carbonique pendant le jour, même par un temps obscur.

Le 18 mars 1863, je fis une expérience sur une belle plante de giroflée en pot. Cette plante était parfaitement saine et remplissait la cloche de ses feuilles. Placée dans mon laboratoire, elle expira pendant le jour une assez grande quantité d'acide carbonique. Le temps était sombre et pluvieux.

Le lendemain, je transportai la giroflée dans mon jardin et je l'exposai *en pleine lumière*, mais sous un ciel constamment nuageux. La plante n'expira pas de traces d'acide carbonique. Il est bien entendu que la veille j'avais enlevé la cloche, afin de laisser la plante passer la nuit dans une situation naturelle.

Enfin, le jour suivant, je coupai la tige de cette giroflée au-dessous de la plaque qui supportait la cloche, et j'en mis l'extrémité inférieure dans de l'eau. Opérant dans mon jardin, par un temps couvert, il ne se produisit pas de carbonate de barite dans le récipient. Donc le dégagement d'acide carbonique avait été nul. Pendant ces trois jours, la température avait varié de 7 à 10°.

Le 25 mars 1863, je mis sous ma cloche neuf rameaux de chrysanthème bien frais et vigoureux, avec le pied dans un peu d'eau. Le matin, temps sombre, j'opérai en plein air, température 10°, il n'y eut pas de dégagement d'acide carbonique.

A deux heures, on transporta l'appareil dans le laboratoire. En peu d'instants, le liquide barytique s'est troublé; le soir, le dépôt de carbonate de barite fut assez abondant.

Le 20 avril 1863, on emplit la cloche avec des feuilles d'aconit récemment coupées. Le pied des rameaux était dans un peu d'eau. En plein air, temps pluvieux, température 13°, les feuilles exhalèrent des traces d'acide carbonique.

Le lendemain, des rameaux de la même plante, fraîchement coupés, occasionnèrent dans le laboratoire un dépôt notable de carbonate de barite.

J'ajouterai aux faits que je viens de signaler que, pendant plusieurs années, je me suis livré à des expériences sur un grand nombre de plantes végétant en pleine terre ou dans des pots, et que jamais en opérant au grand jour, c'est-à-dire dans une situation telle que les plantes reçoivent de la lumière de toutes parts, je n'ai remarqué la moindre production d'acide carbonique.

Il en a été de même lorsque j'ai observé des feuilles détachées de leur tige. En plein air généralement elles n'expirent pas d'acide carbonique pendant le jour; tout au plus peuvent-elles en donner des traces lorsque le temps est sombre et qu'elles sont pressées en grande quantité sous la cloche. En ce cas, on doit admettre que les feuilles cachées au centre du bouquet se trouvent dans l'obscurité et qu'elles peuvent alors expirer un peu d'acide carbonique.

Il serait inutile d'entrer dans de plus grands détails à cet égard. Je me contenterai de citer quelques-uns des végétaux qui ont fait l'objet de mes investigations. Tels sont : le rosier, le lilas, la fève, la carotte, la menthe poivrée, la pervenche, le laurier-amandier, le thuya, le fuchsia, l'atriplex, le noisetier pourpre et le vert, la lychnide, la giroflée, etc., etc.

Au contraire, toutes les fois que j'ai fait mes expériences en un appartement, j'ai presque toujours observé que les feuilles expiraient de l'acide carbonique pendant le jour, à moins toutefois qu'elles n'y fussent exposées aux rayons du soleil; auquel cas, toutes, sans exception, n'ont plus cette propriété.

C'est particulièrement lorsque la cloche renferme beaucoup de feuilles, que le phénomène se manifeste dans un appartement.

Si la plante n'est pas forte ou si elle n'a qu'un nombre de feuilles restreint, alors le dégagement d'acide carbonique est souvent peu sensible; surtout si le temps est clair, la lumière vive et particulièrement, je le répète, si cette plante est sous l'influence directe des rayons du soleil.

Dans ces dernières années, j'ai presque constamment fait fonctionner mon appareil soit en plein air, soit dans le laboratoire. Aussi puis-je citer un grand nombre de plantes qui, placées dans un appartement, ont la propriété d'exhaler de l'acide carbonique pendant le jour en plus ou moins grande quantité. Ce sont, entre autres : la fève, le lys, la chrysanthème, l'aconit, la giroflée, la fougère, le thuya, la passiflore, l'artichaut, les pois, le colza, le noisetier pourpre et le noisetier vert, le lilas, le fuchsia, la lychnide, le perce-neige, la vigne, le tabac, le lupin, l'hélianthe, l'ortie, etc., etc.

Dans l'exposition des faits qui précèdent, j'ai évité d'employer le mot « ombre » afin de ne pas donner lieu à une ambiguité qui pouvait nuire à l'interprétation de mes expériences. Pourvu que les feuilles reçoivent de la lumière par la partie supérieure, c'est-à dire qu'elles ne soient pas sous un plafond ou sous un abri épais, elles n'expirent généralement pas d'acide carbonique pendant le jour. Il leur est favorable aussi, bien entendu, de ne pas être entourées de murs ou de cloisons opaques, mais le voisinage d'un seul mur vertical qui les préserve de l'action du soleil, ne suffit pas, lorsqu'on opère à la campagne, pour provoquer de leur part une exhalation diurne d'acide carbonique.

Ainsi, il ne serait pas exact de dire que c'est à l'ombre (dans le sens ordinaire du mot) que les feuilles laissent dégager de l'acide carbonique pendant le jour, il faut surtout, pour que ce phénomène se manifeste, que la lumière soit interceptée comme elle l'est dans un appartement (Note 3e).

On pouvait présumer toutefois, d'après ce qui précède, que dans un lieu fortement ombragé les feuilles exhalent aussi de l'acide carbonique. L'expérience suivante ne laisse aucun doute à cet égard ;

Le 20 août 1862 j'ai opéré dans mon jardin, en plein air, sur des feuilles de pervenche (*vinca major*). Pendant la matinée, temps couvert, les feuilles n'ont pas exhalé d'acide carbonique. A midi j'ai transporté mon appareil sous une tonnelle couverte de feuillage et dans laquelle la lumière pénétrait difficilement ; dans cette situation les feuilles de pervenche expirèrent de l'acide carbonique en proportion notable.

On doit donc conclure, des expériences précédentes, que ce n'est pas seulement pendant la nuit et dans l'obscurité que les feuilles exhalent de l'acide carbonique, mais que *pendant le jour elles peuvent en produire aussi lorsqu'elles sont placées dans un appartement ou dans un lieu fort ombragé.*

En résumé, je puis donc aujourd'hui affirmer les trois propositions suivantes, qui me semblent désormais à l'abri de toute objection sérieuse :

1° Toutes les feuilles jouissent de la propriété d'exhaler de l'acide carbonique pendant la nuit, et dans l'obscurité artificielle pendant le jour ;

2° Les bourgeons et les jeunes pousses dont les feuilles ne sont pas encore épanouies expirent de l'acide carbonique pendant le jour, que le temps soit sombre ou que le soleil soit éclatant ;

3° Les feuilles adultes, exposées au soleil, n'expirent pas d'acide carbonique, puisqu'elles jouissent alors de la propriété de décomposer cet acide, d'assimiler le carbone et d'exhaler de l'oxygène. Sous un ciel couvert, au grand jour, elles n'en exhalent pas davantage ; mais quand on les transporte dans un appartement qui n'est éclairé que par des fenêtres latérales, alors elles en laissent dégager en proportion plus ou moins sensible, si elles n'y sont pas exposées directement aux rayons du soleil (Note 4°).

NOTES:

NOTE 1re, page 11.

Ingenhousz a pressenti cette loi en faisant l'expérience qu'il rapporte de la manière suivante :

« Je mis dans un bocal plein d'eau de pompe l'extrémité d'une branche de vigne qui portait des feuilles de toutes grandeurs, depuis les plus jeunes jusqu'aux plus parfaites et d'un vert foncé ; le vase fut exposé au soleil ; je restai près du bocal pour examiner ce qui s'y passait, j'observai que les feuilles développées se couvraient les premières de bulles d'air ; qu'elles paraissaient ensuite sur celles qui étaient les plus avancées en âge après celles-ci, et qu'ainsi, par une gradation régulière, elles paraissaient plus tard sur les plus jeunes feuilles et sur celles qui n'étaient pas encore développées. Les mêmes gradations que j'observais dans l'apparition des bulles avaient aussi lieu dans leur grandeur, celles des vieilles feuilles étant toujours plus nombreuses et plus grandes. [1] »

Il signala, en outre, une autre expérience qu'il a faite en exposant au soleil, pendant le même temps, deux bocaux remplis d'eau, l'un contenant des feuilles de vigne entièrement développées, l'autre une même quantité de feuilles de la même vigne non parvenues à leur grandeur naturelle et dont la couleur n'était pas encore d'un vert foncé. Les feuilles mises dans le premier bocal donnèrent plus d'air déphlogistiqué (oxigène) que celles qu'il avait placées dans le second.

NOTE 2e, page 13.

La proportion réelle d'acide carbonique que les plantes expirent pendant le jour, dans un appartement, est difficile à établir, même pour une plante en particulier, car cette proportion est dépendante de plusieurs conditions variables, telles que la température, l'intensité de la lumière diffuse, le nombre des feuilles, leur degré de développement, etc. Elle varie aussi

1 *Expériences sur les végétaux*, tome Ier, p. 316.

suivant la nature des plantes. Ainsi que je le disais précédemment, j'ai quelquefois observé, par un temps clair, des feuilles qui ne donnaient pas sensiblement d'acide carbonique dans un appartement, même lorsqu'elles n'étaient pas directement exposées au soleil.

Quoi qu'il en soit, j'ai fait quelques dosages de l'acide carbonique expiré dans cette condition par un certain nombre de plantes. J'en donne ici les résultats :

Une plante de colza, par un temps assez obscur, expira par heure environ deux centimètres cubes d'acide carbonique. Cette plante avait 28 à 30 centimètres de hauteur; elle végétait dans un pot.

Un jeune lilas, ayant 30 centimètres de hauteur, fournit, en une heure, un peu plus d'un centimètre d'acide carbonique; température, 15°.

Avec une plante de tournesol (*helianthus annuus*) qui croissait dans un pot et qui avait 35 centimètres de hauteur, j'obtins, en une heure, une quantité de carbonate de baryte contenant un peu moins de deux centimètres cubes d'acide carbonique.

Une jeune plante de fève de marais, dont la racine plongeait dans de l'eau, exhala, en une heure, un centimètre cube d'acide carbonique; température, 15° à 20°

Enfin, il y a quelques semaines, au mois de juin dernier, j'ai dosé l'acide carbonique exhalé pendant le jour, dans mon laboratoire, par onze pieds d'orties pesant ensemble cinquante grammes. En cinq heures ils expirèrent 33 centimètres cubes d'acide carbonique, soit un peu moins de sept centimètres cubes par heure.

Ces déterminations, je le répète, n'ont qu'une valeur relative pour les raisons exprimées précédemment.

NOTE 3e, page 15.

Le 23 avril 1863 j'ai fait, dans ma serre, une expérience sur une branche de passiflore que je fis passer dans un ballon à trois tubulures. Cette branche recevait donc, par la partie supérieure et latéralement, de la lumière transmise à travers les vitres fortement blanchies à la chaux.

Le matin je n'observai pas le moindre dégagement d'acide carbonique, la température avait varié de 16 à 20°; vers midi elle s'éleva jusqu'à 25°, il se produisit un trouble léger dans l'eau de baryte.

Le lendemain, après avoir fait couler mon aspirateur pendant le temps nécessaire pour chasser l'acide carbonique exhalé la nuit précédente, je coupai l'extrémité inférieure de la branche et je mis celle-ci dans de l'eau.

Le temps fut sombre, la température se maintint à 15°-16°, cette branche n'expira pas d'acide carbonique.

Enfin, le surlendemain, je coupai un rameau de la même plante et je fis une expérience dans mon laboratoire, température 15°, le dégagement d'acide carbonique fut fort prononcé.

La faible exhalation d'acide carbonique remarquée le premier jour et occasionnée par une élévation de température n'est pas un fait normal; car, lorsqu'on opère en plein air, on n'observe rien de semblable. On sait que les végétaux en serre sont dans un état maladif qui nuit probablement à la régularité de leurs fonctions. En tout cas, le dégagement d'acide carbonique observé ayant été tout-à-fait insignifiant, il n'y a pas lieu d'en tenir compte.

NOTE 4e, page 16.

Ces expériences expliquent évidemment pourquoi il est difficile de conserver la plupart des plantes dans un appartement, surtout si celui-ci n'est pas fort éclairé. Dans une pareille situation les feuilles éprouvent des pertes continuelles qui les épuisent en peu de temps.

Dans un bois, une forêt, on voit cependant des végétaux, des fougères, par exemple, qui vivent à l'abri d'un feuillage épais; mais, en y regardant de près, il est facile de s'assurer qu'ils ne prospèrent que dans les stations où il n'y a pas interception absolue de lumière. La plupart des plantes qu'on observe, du reste, dans les fourrés épais, se sont développées au printemps avant que les arbres qui les dominent eussent des feuilles, et l'on remarque ensuite, en été, que leur végétation n'est plus vigoureuse.

Il y a nécessairement dans ces rapports des plantes avec la lumière des degrés variables suivant leur nature. L'ortie qui, ainsi que d'autres plantes, expire beaucoup d'acide carbonique dans un appartement, ne prospère bien que dans les lieux éclairés ou près d'un mur vertical, dont le voisinage ne nuit pas à l'accomplissement des fonctions végétales.

Depuis longtemps on a constaté qu'il est imprudent de conserver la nuit des fleurs dans un appartement. Il n'y aurait évidemment pas autant de danger d'y mettre des plantes munies de feuilles, à moins cependant que celles-ci ne fussent en grand nombre et que la chambre ne fût petite, obscure et privée de soleil. Ces végétaux, du reste, ne s'y maintiendraient pas longtemps. Cette remarque a été faite aussi par Ingenhousz, qui a vu avant moi que les plantes tenues dans les appartements vicient l'air qu'on y respire, si elles sont loin des fenêtres, dans une situation peu éclairée où elles ne reçoivent pas directement les rayons du soleil [1].

[1] *Expériences sur les végétaux*, section 18, tome Ier

C'est en lisant récemment les ouvrages d'Ingenhousz que j'ai appris que cet éminent physiologiste avait fait avant moi cette observation importante. Je m'en félicite plutôt que je ne le regrette. Du reste, les expériences de cet observateur ayant été effectuées, ainsi que je le dis précédemment, par des procédés insuffisants, il était important d'en confirmer les résultats à l'aide des méthodes d'expérimentation plus perfectionnées que la science moderne met à notre disposition.

EXPÉRIENCES SUR LES FEUILLES COLORÉES.

Tout le monde sait qu'il est de convention, en botanique, de considérer comme colorés les organes des plantes qui ne présentent pas la couleur verte. Celle-ci domine dans la nature ; elle est presque générale ; aussi n'en tient-on pas compte dans les descriptions des végétaux.

Dans leur premier âge les feuilles sont souvent colorées ; mais, d'ordinaire, elles deviennent vertes en vieillissant.

Sennebier avait remarqué que ces jeunes organes colorés ne donnent pas d'air déphlogistiqué (oxigène) au soleil; mais, puisque nous avons constaté, dans le mémoire précédent, que les bourgeons, les pousses nouvelles, etc., expirent constamment de l'acide carbonique, quelle que soit leur coloration ; il en résulte que ce n'est pas à celle-ci qu'il faut attribuer la propriété observée par Sennebier, puisque cette propriété est générale [1].

Ce physiologiste a démontré aussi que les feuilles étiolées et celles qui sont devenues rouges ou jaunes, parce qu'elles sont sur le point de tomber, sont généralement privées de la faculté de produire de l'oxygène au soleil ; c'est-à-dire qu'elles n'ont plus la propriété de décomposer l'acide carbonique de l'air.

Quant aux plantes dont les feuilles sont constamment colorées, comme le noisetier et le hêtre pourpre, l'atriplex hortensis, le coleus, etc., etc., il m'a paru intéressant de déterminer si elles se comportent, à l'égard de l'acide carbonique, comme les plantes à feuilles vertes.

De Saussure avait observé que lorsqu'on met dans de l'eau

1.— *Mémoires physico-chimiques*, p. 271, t. Ier, année 1782.

de source des feuilles de la variété rouge de l'atriplex hortensis, celles-ci dégagent de l'oxygène au soleil. Il a annoncé même en avoir obtenu sept à huit fois le volume de la plante en six heures [1]. Cette expérience, exécutée par des moyens fort primitifs, ne m'a pas paru suffire pour fixer la science sur cette intéressante question ; c'est pourquoi je me suis livré aux recherches dont l'exposé fait l'objet du présent chapitre.

J'ai observé plusieurs fois que les bourgeons du noisetier pourpre expirent constamment de l'acide carbonique pendant le jour. Ainsi que je le disais précédemment, ce phénomène est général et indépendant de la coloration des jeunes plantes.

Pendant le jour les feuilles colorées n'exhalent pas d'acide carbonique lorsqu'elles sont en plein air et qu'elles reçoivent de la lumière de toutes parts. Mais si on les observe dans un appartement, on voit qu'elles se comportent comme les feuilles vertes et qu'elles en expirent en proportion variable.

Enfin les feuilles colorées jouissent aussi de la propriété d'absorber, au soleil, l'acide carbonique de l'air, de fixer le carbone et d'exhaler l'oxygène.

Le 28 mai 1862, je mis sous la cloche de mon appareil une branche de noisetier pourpre attenante à l'arbuste en pleine terre. J'y fis passer aussi 50 centimètres cubes d'acide carbonique pur. Après une heure d'insolation, on fit couler l'aspirateur ; l'eau de baryte n'éprouva pas le moindre trouble ; cet acide avait donc été absorbé.

Le 2 août 1862, je fis une expérience sur une plante de coleus à feuilles pourpres. On mit sous la cloche 110 centimètres cubes d'acide carbonique contenus dans un ballon reposant sur un petit godet plein d'eau. Par un léger choc le ballon fut renversé et l'acide se trouva en présence de la plante. On exposa celle-ci

1.— *Recherches chimiques sur la végétation*, p. 56, 1804.

au soleil du matin, température 25°, pendant une heure, puis on transporta l'appareil en un lieu ombragé. L'aspirateur ayant coulé pendant plusieurs heures, on obtint un dépôt de carbonate de baryte qui contenait 44 centimètres cubes d'acide carbonique.

L'expérience peut donc se résumer ainsi :

Acide carbonique	mis sous la cloche.......	110 centim.
Id.	recueilli dans la baryte....	44
Id.	absorbé par la plante.....	66 centim.

Le 13 août suivant on fit une nouvelle expérience sur la même plante. Le soleil fut un peu moins vif que le jour du premier essai ; la température de 24 à 25°. On obtint les résultats suivants :

Acide carbonique	mis sous la cloche.......	110 centim.
Id.	recueilli dans la baryte...	49
Id.	absorbé par la plante.....	61 centim.

L'insolation a duré une heure comme précédemment.

Enfin, tout récemment, le 21 juin 1863, je fis une expérience sur une plante d'atriplex à feuilles rouges qui végétait fort bien dans mon jardin. Cette plante avait treize feuilles opposées avec de jeunes feuilles axillaires. Je l'exposai au soleil sous une cloche en présence de 50 centimètres d'acide carbonique pur. La température était d'environ 25°. Après une heure d'insolation, je fis couler mon aspirateur et l'eau de baryte resta parfaitement limpide toute la journée. Cette quantité d'acide carbonique avait donc été absorbée par cette plante.

Ajoutons, enfin, que toutes ces plantes colorées exhalent de l'acide carbonique pendant la nuit et qu'en général la quantité expirée dans ces conditions est bien inférieure à ce qu'elles peuvent en absorber pendant le jour.

P. S. Tout récemment un chimiste de Paris a annoncé, à l'Institut, que les feuilles ne décomposent l'acide carbonique qu'en raison de la matière verte qu'elles contiennent et que *les parties jaunes ou rouges* de certaines feuilles ne donnent pas lieu à cette décomposition.

Je puis affirmer que les feuilles sur lesquelles j'ai fait les expériences précédentes étaient colorées fortement et ne présentaient aucune partie verte apparente.

Toutefois je sais, comme tout le monde, que les feuilles colorées en rouge, pourpre, etc., contiennent de la matière verte qu'on peut rendre visible à l'aide des réactifs.

Si un chimiste démontrait que c'est cette matière verte *dissimulée* qui opère la décomposition en question, il ferait une découverte curieuse.

Quant à moi, je ne me suis pas préoccupé de la cause de ce phénomène. Je me borne à affirmer que certaines feuilles qui, aux yeux de tout le monde, sont *complètement* rouges, pourpres ou noirâtres, jouissent de la propriété d'absorber de l'acide carbonique quand on les expose aux rayons du soleil.

Lille. Imp. L. Danel.

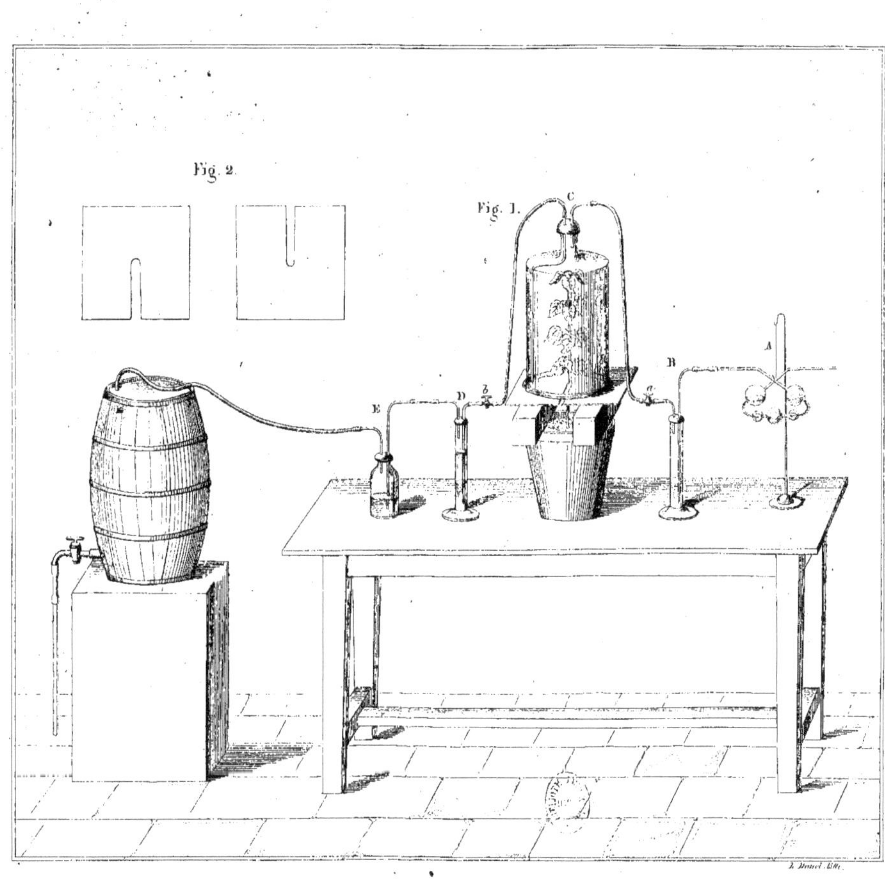

L. Danel. Lille.

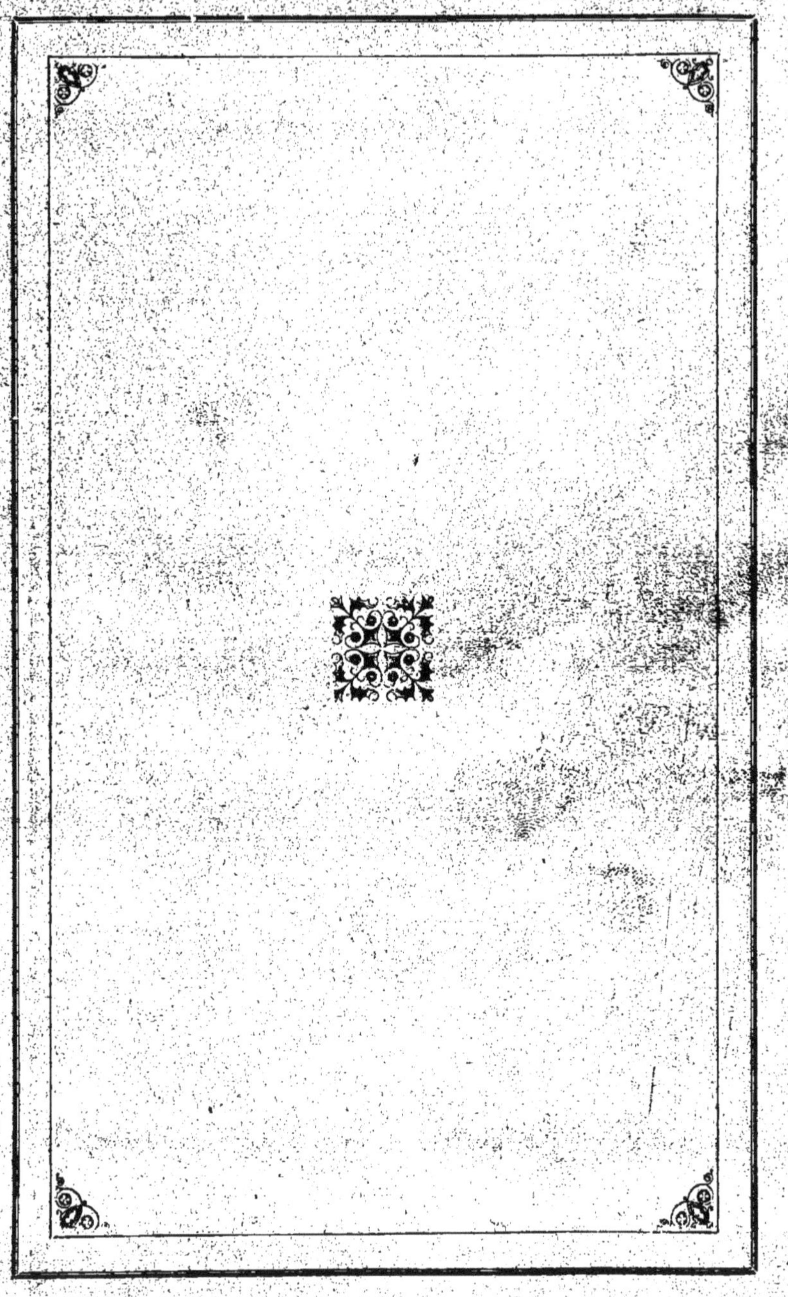

www.ingramcontent.com/pod-product-compliance
Ingram Content Group UK Ltd.
Pitfield, Milton Keynes, MK11 3LW, UK
UKHW012308240726
13966UKWH00004B/1734

9 782011 339881